Strawberry Recipe Book

幸福限定‧美味草莓甜點書

前言

草莓是水果界的小公主。
如寶石般閃爍的光澤與鮮豔潤澤的紅色，還有可愛的形狀。
我小時候若聽到：「今天冰箱裡有草莓喔！」
僅是這樣一句話就能讓我開心不已。

即使切開後顏色也不會改變，是用來製作甜點最大的魅力。
而且，溫和的甜味不管和哪種食材都很對味。
不管和什麼食材搭配都沒問題，在當中也是不突兀的華麗主角。
對我來說，草莓就是這樣的一種水果。

不過我在歐洲時吃到的草莓有一點點不同。
歐洲的草莓不像日本裝飾在鮮奶油蛋糕上的那麼大顆又氣派，
而是較小顆、色澤更紅且口感較硬。
大部分都像在日本5～6月生產的草莓。

就像日本的婦女在懷孕中會特別想吃梅干一樣，
法國的婦女在孕期則會很想吃草莓。
草莓的就是被視為酸味如此濃郁的一種水果。
即使和奶油、麵粉類等混合烘烤過，其所餘留的凝縮風味，
以及加熱後色階更濃一級的深紅色澤，都在在顯示出草莓的強大魅力。

除此之外，我認為在所有的水果當中，
草莓是最適合搭配乳製品的。
牛奶、煉乳、鮮奶油，和醇厚的白色混合後，
紅色慢慢變成可愛粉紅色的模樣，
每次都會讓我著迷。

沒錯，不論是哪種甜點，只要放上草莓就肯定會變得很可愛。
草莓果然就是小公主啊！

Contents

第 1 章　簡單的草莓甜點

第 2 章　烘焙草莓甜點

第 3 章　免烘烤草莓甜點

[使用本書的方法]

· 草莓一盒以300g為標準。

· 砂糖是使用細砂糖或是糖粉，奶油皆使用無鹽奶油。

· 1小匙為5ml，1大匙為15ml。

· 烤箱的加熱溫度與時間會因機種不同而異。請以食譜內標記的時間為基準，一邊觀察烘烤的狀態一邊調整。

· 雞蛋皆使用M尺寸的蛋。

· 用微波爐加熱的時間皆以600W的機種為基準。

認識草莓！

就連在超市也是全年都可以買到的草莓。
不知不覺就將手伸向水潤多汁的草莓了！在這裡要向大家介紹
雖然近在眼前但卻不甚了解的、草莓的挑選方法與小知識！

關於草莓

草莓在江戶時代從荷蘭被以觀賞用途引進日本之後，就
一直比其他水果更受到眾人的愛戴。戰後則從美國引進
可食用的品種並持續改良，至今在日本產出的品種約
有250種，這些大部分都是日本的原生品種。草莓雖然
直接品嘗就很美味，但可以放入各式各樣的甜點中再加
工，也是受歡迎的原因之一。就算只是在家裡製作點
心，也可以試著加點草莓看看。請體驗看看比新鮮草莓
更加升級的美味！

草莓與甜點

在日本，將大量草莓滿滿的放在鮮奶油蛋糕或卡士達
塔上，以享受其新鮮風味是經典的吃法。此外，一般
來說歐洲的草莓都是酸味較強且顆粒較小的品種，所
以也很常用來製作烘烤甜點。在本書中會介紹這兩種
品嘗方式的魅力。

挑選美味草莓的方法

・蒂頭呈現綠色且保含水分
・包含蒂頭周圍，全部都是紅色的
・紅色部分充滿光澤
・種籽的顆粒明顯
・顏色依品種而異，顏色深淺和甜度無關
※想鑑定新鮮度時，不要只從包裝上方觀察，要整著
　倒過來從下方檢查看看。

草莓的產季

month	1	2	3	4	5	6	7	8	9	10	11	12
戶外栽培					🍓	🍓						
溫室栽培	🍓	🍓	🍓	🍓	🍓							🍓
進口草莓					🍓	🍓	🍓	🍓	🍓	🍓	🍓	
冷凍草莓	🍓	🍓	🍓	🍓	🍓	🍓	🍓	🍓	🍓	🍓	🍓	🍓

※此為日本的草莓產季時間，僅供參考。

較大顆的草莓

因品種持續改良而變得較大、變得更甜，是在日本大受歡迎的類型。「あまおう（Amaou）」等品種，因水分較多且甜味非常濃郁，加熱後水分會逐漸釋出，所以建議以新鮮狀態用於甜點或當作頂部裝飾。

較小顆的草莓

在日本是初夏時節盛產的小顆草莓。其特徵是不僅帶有甜味，酸味也很強烈。新鮮的滋味即使加熱後仍然存在。若要製作烘焙甜點或是加工製成果醬、果泥等，推薦使用這種草莓。

保存方式

草莓從收成開始，風味會隨著時間而逐漸流逝。
如果沒有要馬上吃完的話，可以用這些方式將美味封存起來。

冷藏保存

買回來的草莓如果沒有要馬上使用，先不要洗並用保鮮膜從上方覆蓋，避免接觸空氣。放在冰箱的蔬果保存室裡1～2天可保持其新鮮度，買回來的當天也要先這樣保存。

冷凍保存

去除蒂頭後清洗乾淨，用廚房紙巾拭乾水分，放入冷凍用保鮮袋後再放進冷凍庫。撒上砂糖比較不容易變硬，所以會較好操作。可以保存1～2個月。使用前可以自然放置解凍或加工解凍。

加工保存

加工製成果醬或糖漿等，是能長期保存美味的方法之一。如果有剩餘的草莓的話，最推薦這樣利用！不論是果醬或糖漿，都可以用來做各式各樣的甜點。

首先試著從
最基本的
「做好備用」開始吧！

這裡要製作的是很適合馬上品嘗，也很適合事先製作以便用於各種甜點的簡單小點心。舉例來說，在麵包塗上草莓果醬也很美味，但也可以用於烘烤蛋糕。因為是百搭的水果，用途廣泛也是一大要點。

在鍋中放入玻璃瓶、蓋子，緩緩加入水並開大火，水沸騰後再煮沸5分鐘。

去除草莓的蒂頭，放入鍋中後撒上細砂糖，靜置約30分鐘。

Strawberry Jam

基礎草莓果醬

若提到必備的果醬，那就是草莓果醬了！建議使用較小的、帶有紮實酸味的草莓製作。因為降低了甜度，所以無法像其他果醬那樣保存很長一段時間。因此這次做成分量少的小瓶裝果醬。草莓果醬可以運用在各種甜點中，當然也能充分運用於早餐當中。

材料（成品約240g）

草莓 ... 1盒（約300g）

細砂糖 ... 100g

- -

● 搭配起來很美味

·奶油吐司

·香蕉奶油三明治

·司康

● 使用此種果醬的甜點

·草莓馬芬（P.18）

·草莓果醬餅乾（P.20）

·草莓美式鮮奶油蛋糕（P.30）

·卡士達草莓塔（P.40）

·草莓柏林果醬包（P.46）

·草莓紅酒布朗尼（P.48）

·草莓牛奶糖（P.70）

[保存時間]

放在煮沸消毒過的玻璃瓶裡，可常溫保存約1個月。

將瓶子上下顛倒放在廚房紙巾上，直到完全乾燥為止。

將3開中火加熱至沸騰。不用撈除浮沫也沒關係。煮到產生看起來較厚且較大的氣泡，並開始產生黏稠感後就可以熄火。

將4裝入2的玻璃罐中到快裝滿為止，蓋上瓶蓋，上下顛倒靜置冷卻。

草莓薄荷
黑胡椒果醬

在步驟4中加入壓碎的黑胡椒粒和薄荷葉，再煮沸一次。如果有的話可以放上新鮮薄荷葉裝飾，再撒上胡椒。

Strawberry and Milk Jam

雙層草莓牛奶醬

草莓與牛奶是最棒的組合。兩種溫和的甜味重疊，孕育出嶄新的風味。紅色與白色的雙層果醬，看起來很美觀，也很適合當作贈送的禮物。舀起時可以混合攪拌一下，粉紅色的漸層非常可愛。

材料（成品約240g）

[牛奶醬]

牛奶 ... 500ml

細砂糖 ... 100g

香草莢 ... 1/4根

[草莓醬]

草莓 ... 120g

細砂糖 ... 40g

事前準備

・將香草莢縱向剖開，刮出香草籽。

- -

●搭配起來很美味

・法式長棍麵包

・未烤過的吐司

・紅茶

[保存時間]

放在煮沸消毒過的玻璃瓶裡，可常溫保存約1個月。

1
製作牛奶醬。將材料全部倒入鍋中，開小火加熱，一邊不停的攪拌一邊煮約40分鐘。變成略呈米白色、產生黏稠感後就完成了。

1
煮到產生看起來較厚且較大的氣泡，並開始產生黏稠感後就可以熄火。

2
製作草莓醬。去除草莓的蒂頭，放進鍋裡後撒上細砂糖，靜置約30分鐘。

5
在煮沸消毒過的玻璃瓶中依喜好的分量放入4。若是變得較稀的話就再煮一次。

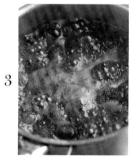

3
將2開中火加熱至沸騰。不撈除浮沫也沒關係。

6
重疊放入草莓醬。

去除草莓的蒂頭，放入鍋中並撒上細砂糖，靜置約30分鐘。

去除柳丁的頭尾並去皮，用刀子劃入薄膜間取出果肉。

Strawberry and Orange Jam

草莓柳橙果醬

草莓果醬煮好之後再加入柳橙熬煮。因為加了柳橙皮的香氣，所以呈現出介於柑橘果醬與草莓果醬之間的滋味。雖然也可以使用檸檬，但檸檬的滋味較突出，所以這款果醬還是用柳橙最適合。是一款風味華麗且更清新的果醬。

材料（成品約300g）
草莓 ... 1盒（約300g）
細砂糖 ... 100g
柳橙（盡量選擇日本產的）... 1個

- -

●搭配起來很美味
・司康
・優格
・白酒

[保存時間]
放在煮沸消毒過的玻璃瓶裡，可常溫保存約1個月。

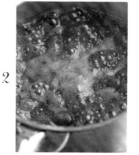

將1開中火加熱至沸騰。不撈除浮沫也沒關係。

待3產生黏稠感後便加入，煮約5分鐘。

煮到產生看起來較厚且較大的氣泡，並開始產生黏稠感後就可以熄火。

加入磨碎的柳橙皮做最後加工。裝入煮沸消毒過的玻璃瓶中到快裝滿為止。蓋上瓶蓋，上下顛倒靜置冷卻。

Strawberry Syrup,
Semi-dry Strawberry

草莓糖漿、
半乾草莓

雖然市面上也有販售草莓糖漿，但這款草莓糖漿是截然不同的。因為是含有草莓滋味的糖漿，所以只要兌蘇打水就會非常美味。半乾草莓乾則很適合用來製作不希望有太多水分的甜點。尤其是加在烘烤的甜點中，是重要的材料。請使用較小且顏色較深的草莓製作。

材料（完成的糖漿約80ml，
　　半乾草莓＝使用的草莓量）

草莓 ... 1盒（約300g）
細砂糖 ... 100g
檸檬汁 ... ½～1小匙

事前準備

· 在烤盤鋪上烘焙紙。
· 將烤箱預熱至120℃。

- -

●搭配起來很美味

· 香草冰淇淋（草莓糖漿）
· 刨冰（草莓糖漿）
· 各種烘焙點心（半乾草莓）

●使用於這款甜點

· 草莓紅酒布朗尼（草莓糖漿P.48）
· 草莓鮮奶油蛋糕（草莓糖漿P.52）
· 草莓果凍（草莓糖漿P.62）
· 草莓紅茶（草莓糖漿P.76）
· 草莓鮮奶油蘇打（草莓糖漿P.76）
· 草莓雪球（半乾草莓P.22）

[保存時間]
糖漿放入煮沸消毒過的玻璃瓶中、半乾草莓放入保鮮袋中，皆可冷藏保存約10天。

1

在鍋中放入玻璃瓶、蓋子，緩緩加入水並開大火，水沸騰後再煮沸5分鐘。

4

開中火加熱，煮約5分鐘後直接靜置冷卻。

2

將瓶子上下顛倒放在廚房紙巾上，直到完全乾燥為止。

5

用網篩濾出汁液。加入檸檬汁拌混，草莓糖漿就完成了。裝入煮沸消毒過的玻璃保存瓶中。

3

去除草莓的蒂頭後放入鍋中，撒上細砂糖，靜置一晚。

6

將留在網篩上的草莓以等距離排放在烤盤上，放入120℃的烤箱中烘烤約1個半小時，讓草莓乾燥至自己喜好的硬度。烤到一半時要將草莓上下翻面一次。

關於材料

製作草莓點心必備的材料，就是草莓或草莓的再製品，
還有一些周遭就能輕鬆取得的基本材料。

① 小草莓
在日本產季約為5～6月、顏色較深的小草莓，酸味清爽且所含水分
較少，適合用來製作甜點。

② 大草莓
日本大部分的草莓都屬於大草莓。
多汁且甜味強烈，比起加熱更適合用於當作頂部裝飾等。

③ 冷凍草莓
很適合用來取代小草莓，是可以買著備用的重要材料。
也有進口的產品，可以在美式量販店（Costco）購得。

④ 冷凍草莓果泥
冷凍的市售品。
將草莓和10%的砂糖、少許檸檬汁用果汁機攪拌後製成。

⑤ 乾燥草莓粉
可以在烘焙材料行買到。以冷凍乾燥的方式製成，變得乾鬆後可以用
來製作甜點，也可增強草莓的風味。

⑥ 低筋麵粉
製作烘焙甜點不可或缺的麵粉，我使用的是「Dolce」。
當然用其他麵粉製作也沒問題。

⑦ 牛奶
使用市面上販售的一般牛奶。
除了特別說要用冰牛奶的食譜之外，使用回復到常溫的牛奶會比較
好。

⑧ 鮮奶油
一般來說是使用乳脂肪含量35%的產品。
質感輕盈，因較不易分離所以很推薦使用。

⑨ 細砂糖
一般砂糖都是使用細砂糖。
質感乾爽所以較易溶解，可以充分混合。

⑩ 糖粉
將細砂糖磨碎製成的細粉狀糖。
除了製作糖霜外，也很適合在最後裝飾時撒在草莓上。

⑪ 蛋
使用M尺寸（約50～55g）的蛋。
依照每道食譜不同，也有可能會分開使用蛋黃和蛋白。

⑫ 奶油
本書食譜皆使用無鹽奶油。
除了特別寫出使用融化奶油或使用冰的奶油外，都要放在室溫至回
軟。

⑬ 蜂蜜
自然的甜味和草莓的酸甜滋味很對味，
經常出現在食譜中。不使用高價的蜂蜜也OK。

⑭ 煉乳
有許多人會將草莓沾煉乳來品嘗，是和草莓很對味的食材。
在本書中，要添加乳香味時會經常出現在食譜中。

第1章
簡單的
草莓甜點

草莓可以運用在許多甜點中,是一款百搭的水果。除了用在經典款的烘烤甜點中,當作鬆餅旁的配料或和樸素的美式甜點都很搭。草莓不只風味絕佳,也可以讓簡單的甜點看起來、吃起來都瞬間變得非常華麗,令人開心不已呢。此外,新鮮草莓、半乾草莓、草莓果醬等,風情各異的各類草莓使用方法及其美味,請務必先從本章的簡單甜點食譜試做看看。

Strawberry Muffins

草莓馬芬

一般的馬芬蛋糕中所使用的酸奶油因為帶
有酸味，所以和草莓的酸甜很對味。因此
在蛋糕體中夾入果醬，趁熱大口品嘗時，
就能體驗到果醬瞬間在口中爆漿的吃法。

材料（直徑約8cm的馬芬模具4～5個份）

酸奶油 ... 90g

磨碎的檸檬皮 ... 少許

細砂糖 ... 80g

食用油 ... 2大匙

蛋 ... 1個

低筋麵粉 ... 110g

泡打粉 ... 1小匙

草莓果醬（參考P.08）... 3大匙

事前準備

・在馬芬模具中放入紙模或格拉辛紙杯等。

・將烤箱預熱至190℃。

1 在缽盆中放入酸奶油、磨碎的檸檬皮、細砂糖、食用
油，用打蛋器搓拌混合（a）。將蛋打散成蛋液後，分
次少量的加入缽盆中混合。

2 將低筋麵粉與泡打粉混合後過篩加入缽盆中，用橡皮刮
刀快速拌混（b）。

3 填入紙模中至約7分滿，放入果醬（c），鋪上剩餘的
麵糊。

4 放入190℃的烤箱中烘烤15～20分鐘。

a  b  c

Strawberry Jam Cookies

草莓果醬餅乾

稍微帶點鹹味的花生奶油搭配莓果類，是美式的經典組合。使用花生奶油和紅糖製成味道樸實的麵團，再放上滋味鮮美的果醬做最後裝飾。一口咬下就能品嘗到滋味深邃的圓滾滾餅乾。

材料（直徑3.5cm的圓形×約22～24個份）

奶油 ... 100g

花生奶油（無糖） ... 30g

紅糖 ... 40g

小蘇打粉（有的話） ... 1小撮

低筋麵粉 ... 150g

草莓果醬（參考P.08） ... 50g

事前準備

・將奶油置於室溫中回軟。

・在烤盤上鋪上烘焙紙。

・將烤箱預熱至180℃。

1 在鉢盆中放入奶油和花生奶油，用打蛋器攪拌混合。加入紅糖和小蘇打粉，然後再攪拌混合。

2 加入低筋麵粉，用橡皮刮刀混合攪拌至沒有粉粒殘留為止。

3 用手掌將2稍微往內握壓一下，做成直徑約3.5cm的圓球狀。在中央如要挖出洞般稍微壓凹，放上草莓果醬。

4 並排放在烤盤上，用180℃的烤箱烘烤12～15分鐘。

Point
將花生奶油麵團壓薄後烘烤，
再夾入草莓果醬，做成「果醬夾心餅乾」也很可愛。

Strawberry Polvoron
草莓西班牙小餅

輕盈酥鬆且入口即化的小點心。乾燥草莓
粉是風味的重點，因為外表是最先碰到嘴
巴的部分，所以想多加入一點草莓風味。
放入半乾草莓後酸甜感就在口中輕輕的擴
散開來。

材料（40～45個份）
奶油 ... 120g
糖粉 ... 50g
低筋麵粉 ... 160g
杏仁粉 ... 40g
切粗丁的半乾草莓（有的話）
（參考P.14）... 適量
糖粉（最後裝飾用）... 100g
乾燥草莓粉* ... 2小匙

事前準備
・將奶油置於室溫中回軟。
・在烤盤上鋪上烘焙紙，鋪上材料分量中
　的低筋麵粉，用預熱至130℃的烤箱烘烤
　約1小時再放涼。
・低筋麵粉烤好後，在烤盤中鋪上新的烘
　焙紙，並將烤箱預熱至160℃。

1 將奶油放入鉢盆中，加入糖粉。用打蛋器搓拌混合至沒
　有粉粒殘留為止。
2 將烤過的低筋麵粉和杏仁粉混合篩入鉢盆中，用橡皮刮
　刀快速拌混至沒有粉粒殘留為止。
3 抹上手粉（低筋麵粉、材料分量外），取適量2的麵團
　將半乾草莓包入其中，然後整成直徑約3cm的圓球狀，
　排列在烤盤中（a）。
4 放入160℃的烤箱中烘烤12～15分鐘。
5 將最後裝飾用的糖粉和乾燥草莓粉混合。
6 趁熱將4裹滿5。

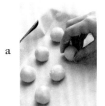

a

Pick up!
● 乾燥草莓粉
將草莓冷凍乾燥製成粉末狀
的產品，可在烘焙材料行購
得。質地乾鬆而便於與麵團
混合為其特色。

No-bake Strawberry Cheesecake

草莓生乳酪蛋糕

這道乳酪蛋糕具有可愛的粉紅色外觀及滑順的口感。雖然這裡是用較方便食用的杯子來製作，但用圓形模具或方形模具做成大尺寸也很棒。若是要做成大尺寸的話，可以在底部鋪入全麥餅乾等增加脆脆的口感，如此一來，怎麼吃都不會覺得膩。

材料（4人份）

奶油乳酪 ... 150g

細砂糖 ... 70g

原味優格 ... 100g

鮮奶油 ... 200ml

吉利丁粉 ... 5g

　水 ... 1小匙

冷凍草莓果泥 ... 120g

⇒ 或是將110g草莓和10g細砂糖放入果汁機中攪打，再加入少許檸檬汁。

穀麥片（或用壓碎的全麥餅乾）... 適量

草莓 ... 6顆

事前準備

・將奶油乳酪置於室溫中回軟。

・將冷凍草莓果泥解凍。

・將吉利丁粉撒入水中泡軟（a）。

1　在缽盆中放入奶油乳酪和細砂糖，用打蛋器搓拌混合。加入優格後再度拌混（b）。

2　將一半分量的鮮奶油加熱到快要沸騰後，加入用水泡軟的吉利丁粉使之溶解（c）。

3　將2加入4中拌混，加入草莓果泥後再繼續拌混。

4　將剩下的鮮奶油攪拌打發到可拉出尖角的狀態（d）後，加入3中拌混。

5　倒入杯子中，放進冰箱冷藏2小時以上。

6　放上穀麥片和草莓。

 a
 b
 c

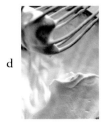 d

酸酸甜甜但又充滿濃郁乳香的粉紅色奶油，做好後放一陣子就會釋出水分，所以完成後請盡快品嘗；和吐司或美式鬆餅都很搭喔！

材料

[草莓奶油]（2～3人份）

草莓 ... 60g

糖粉 ... 2大匙

奶油 ... 60g

[鬆餅]（直徑10cm×5～6片份）

原味優格 ... 150g

蛋 ... 1個

牛奶 ... 80ml

沙拉油 ... 1大匙

Ⓐ

| 低筋麵粉 ... 150g

| 細砂糖 ... 2大匙

| 泡打粉 ... 1小匙

蜂蜜 ... 適量

事前準備

・將奶油置於室溫中回軟。

1　製作草莓奶油。將草莓切成5mm的小丁。撒上糖粉，邊將草莓壓碎邊加入奶油混合。

2　煎製美式鬆餅。在缽盆中放入原味優格、蛋、牛奶、沙拉油，用叉子以要切斷蛋白筋的方式拌混。

3　在另一個缽盆中放入Ⓐ，用打蛋器確實拌混均勻。將2分次少量加入，然後再拌混至變得柔滑。

4　將鐵氟龍加工的不沾平底鍋開中火加熱後，放在濕布上稍微降溫。再次開火，將麵糊倒入呈直徑約10cm的圓形。煎1分30秒～2分鐘，等表面陸續冒出小氣泡後翻面，再煎約1分鐘。剩下的麵糊也以同樣方式煎好。盛入盤中，再附上草莓奶油和蜂蜜。

Strawberry Butter Pancakes

鬆餅與草莓奶油

Strawberry Candy

草莓糖

在日本，蘋果糖是路邊攤的特色食物，在
台灣也有用草莓製作。因為我很喜歡脆硬
的糖與僅將表面稍微加熱的草莓滋味，所
以製作了這款點心。

材料（10個份）

細砂糖 ... 150g

水 ... 3大匙

草莓 ... 10顆

事前準備

· 準備好冰水。

· 去除草莓的蒂頭，戳入竹籤。

1 在小鍋子裡放入細砂糖和水，開小火加熱。待開始冒
  泡、變成水麥芽般的狀態後，要搖晃鍋子避免燒焦
  （a）。開始出現質感較厚重的泡泡後，取出少許糖
  滴入冰水中，若在冰水中快速凝固的話就可以熄火
  （b）。

2 將草莓裹上糖，泡入冰水中使糖凝固（c）。

3 為了方便食用戳入小竹籤，馬上品嘗。

 a

 b

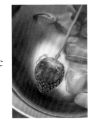 c

Strawberry Gratin

焗烤草莓

在新鮮草莓上淋上蛋奶糊，再撒上砂糖，烤出脆口的甜點系焗烤。熱呼呼且帶著些許利口酒香氣、多汁爆漿的草莓很美味，放涼之後滋味為之一變，又是一種不同的美味。

材料
（寬10×高3cm的橢圓形烤皿3個份）

Ⓐ
| 原味優格 ... 100g
| 鮮奶油 ... 100ml
| 蛋 ... 1個
| 蛋黃 ... 1個份
| 香草莢 ... ¼根
草莓 ... 150g
柑曼怡酒 ... 1小匙
細砂糖 ... 1大匙

事前準備
・將Ⓐ的優格靜置30分鐘以上瀝乾水分，變成50g。
・去除草莓的蒂頭並縱向切成一半，塗上柑曼怡酒。
・將烤箱預熱至190℃。

1 將Ⓐ的香草莢縱向剖開，刮出香草籽。將Ⓐ的全部材料放入鉢盆裡混合，用打蛋器攪拌至變得柔滑為止。

2 將草莓放入烤皿等耐高溫容器中。倒入4，撒上細砂糖（a）。

3 在烤盤中注入熱水，放入190℃的烤箱中，烘烤至表面凝固且呈現焦色為止，用水浴法烘烤15～20分鐘。

a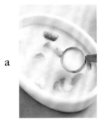

 不撒上細砂糖，烤好後放入冰箱冷藏，等到要品嚐之前再撒上砂糖，放入麵包烤箱中將表面烤得脆硬，就能嚐到如焦糖烤布蕾般的滋味。

草莓美式鮮奶油蛋糕

在美國，「鮮奶油蛋糕」指的是比司吉狀的甜點。在豐厚的蛋糕體上放上滿滿果醬與奶油霜再品嘗是美式必備風格。試著搭配手作果醬與大量新鮮草莓，享受美國的家庭式甜點吧！

材料（直徑6cm×6個份）

◎麵團

低筋麵粉 ... 150g

細砂糖 ... 60g

泡打粉 ... 1½小匙

奶油 ... 60g

鮮奶油 ... 100ml

◎夾餡

鮮奶油 ... 100ml

　細砂糖 ... 適量

草莓果醬（參考P.08）... 適量

草莓 ... 適量

糖粉 ... 適量

事前準備

・將奶油放在冰箱冷藏。

・將烤箱預熱至190℃。

1　在缽盆中放入低筋麵粉、細砂糖和泡打粉，用打蛋器大略拌混。

2　將切成一口大小的奶油放入缽盆中，用板子或刮板等加以切拌，等切拌到變細碎之後，再用手指搓碎到奶油和麵粉變得乾乾鬆鬆。

3　加入鮮奶油混合，混合成一團。

4　壓成1.5cm厚，用保鮮膜包起來靜置1小時，讓麵團鬆弛。

5　用模型壓出形狀，放入190℃的烤箱中烘烤約12分鐘。

6　依個人喜好增減細砂糖的量，加入鮮奶油中，打發到可拉出挺立尖角的狀態（a）。

7　將烤好的5橫切成一半，夾入6的鮮奶油、草莓果醬、去除蒂頭並切成4等分的草莓。再用茶篩撒上糖粉。

a

Strawberry Crumble

草莓烤奶酥

可大口品嘗草莓的一款甜點。酥酥脆脆的
奶酥和用了低筋麵粉增添黏糊感的草莓非
常對味。這份食譜最適合使用顆粒較小且
顏色較深的草莓。

事前準備

・將奶油放在冰箱冷藏。

・將烤箱預熱至200℃。

材料（2～3人份）

低筋麵粉 ... 50g

杏仁粉 ... 30g

細砂糖 ... 30g

肉桂粉 ... ½小匙

奶油 ... 30g

草莓（可以的話請用冷凍草莓或小草莓）

　　... 約200g

楓糖漿 ... 2大匙

玉米澱粉 ... ½大匙

1 在鉢盆中放入低筋麵粉、杏仁粉、細砂糖、肉桂粉，用
　打蛋器大致拌混均勻。

2 將奶油切成1cm的丁狀，加入1中，用手搓開混合到變
　成顆粒較大的鬆散狀。在冷凍庫中靜置鬆弛15分鐘以
　上。

3 去除草莓的蒂頭，如果比較大顆的話就縱向切成一半。

4 在耐高溫容器內側塗上一層奶油（材料分量外），將3
　排列放入，淋裹上楓糖漿和玉米澱粉。在上方鋪滿2。

5 用200℃的烤箱烘烤約30分鐘。

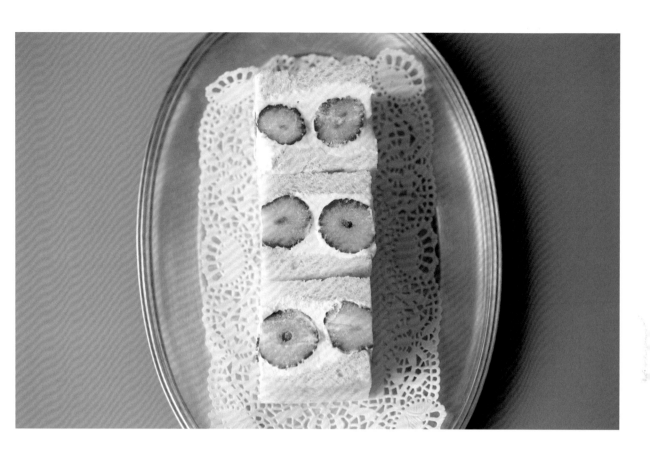

Fresh Strawberry Cream Sandwiches

新鮮草莓奶油三明治

為了讓奶油的乳香更濃郁而添加了煉乳。
因為草莓要直接品嘗，所以選用較甜、形
狀好看且水潤多汁的，這樣看起來會比較
賞心悅目！

材料（2人份）

鮮奶油 ... 200ml

細砂糖 ... 1大匙

煉乳 ... 2〜3大匙

吐司（三明治用）... 4片

草莓 ... 1盒（約300g）

1　將鮮奶油、細砂糖、煉乳放入鉢盆中，確實打發到舀起
　　時可拉出尖角的狀態。

2　在兩片吐司上抹上一半分量的1，排放上去除蒂頭的草
　　莓。將剩餘的1以像要填滿草莓間空隙般的方式塗抹上
　　去，再重疊放上剩下的吐司。

3　確實壓緊後用濕布斤包裹起來，放入冰箱靜置約1小
　　時。切除吐司邊後再切成方便食用的大小。

想搭配草莓一起吃的奶油

只要將新鮮草莓附上打發的奶油，
就能完成不論是滋味或外觀的可愛程度都具備的甜點。
雖然只用鮮奶油就很美味，但若能增添風味的變化則更添品嘗樂趣。

1.

清新的爽口酸味

優格蜂蜜

材料（容易製作的分量）

原味優格 ... 50g

鮮奶油 ... 50ml

蜂蜜 ... 2小匙

將優格靜置30分鐘瀝乾水分至剩
25g。將鮮奶油放入缽盆中，打發
到可拉出稍微彎曲的尖角為止。
加入瀝乾水分的優格和蜂蜜拌混。

2.

濃醇溫和的濃厚感

打發酸奶油

材料（容易製作的分量）

酸奶油 ... 40g

鮮奶油 ... 40g

細砂糖 ... 2小匙

在缽盆中放入酸奶油，再分次少
量加入鮮奶油打發。打到一半時
加入細砂糖。打發到可拉出挺立
尖角的狀態。

3.

異國風味的吸引力

楓糖香料

材料（容易製作的分量）

鮮奶油 ... 50ml

楓糖漿 ... 10g

肉桂粉 ... 少許

白荳蔻粉 ... 少許

在缽盆中放入鮮奶油，打發到可
拉出挺立尖角的狀態。加入其他
剩下的材料拌混。

第 2 章
烘焙
草莓甜點

加入草莓（特別是指較小顆、味道較濃郁的）烘烤製作
甜點的食譜，在歐洲甜點中經常出現。而在日本則是發
展出以新鮮草莓為主角的鮮奶油蛋糕、卡士達塔等甜
點，不論是哪一種都分別展現了草莓不同的魅力。此
外，還有源自德國柏林地區、加入果醬的甜甜圈點心，
以及美國的布朗尼蛋糕……讓人深刻體會到，草莓真是
一種可適用於各式甜點的水果。

Strawberry and White Chocolate Pound Cake

草莓白巧克力磅蛋糕

製作歐式甜點果然還是要用較小顆的草莓。雖然和充滿乳香的白巧克力相當對味，但若只是這樣會覺得味道重了些，所以在麵糊中使用了酸奶油和檸檬，讓滋味變得清爽。是一款風味清爽卻質地紮實的磅蛋糕。

材料（18cm的磅蛋糕模具1個份）

草莓（可以的話請用冷凍草莓或小草莓）
　… 80～100g

白巧克力 … 40g

奶油 … 90g

細砂糖 … 90g

酸奶油 … 90g

蛋 … 2個

低筋麵粉 … 150g

泡打粉 … 1小匙

磨碎的檸檬皮 … ½個份

檸檬汁 … 1小匙

事前準備

・將奶油置於室溫中回軟。

・在磅蛋糕的模具中鋪入烘焙紙。

・將烤箱預熱至180℃。

1 去除草莓的蒂頭，切成5mm的丁狀（若是冷凍的就在冷凍狀態直接切）。將白巧克力切成1cm的塊狀。

2 在缽盆中放入奶油和細砂糖，用打蛋器拌混。加入酸奶油，再攪拌到變得柔軟滑順為止（a）。

3 分次少量加入打散的蛋液，並確實拌混均勻（b）。

4 再將低筋麵粉和泡打粉過篩加入，用橡皮刮刀以切拌的方式混合（c）。

5 在4中加入1、檸檬皮、檸檬汁，用橡皮刮刀以切拌的方式混合（d）。

6 將麵糊倒入模具內，將表面抹平，放入170～180℃的烤箱烘烤約40分鐘。在表面的裂痕處用竹籤戳入，如果沒有沾黏麵糊的話，就是烘烤完成了。

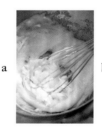
a

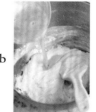
b

c

d

Tarte d'Isabelle

伊莎貝爾塔

當我前往為我描繪本書插畫的伊莎貝爾小姐家作客時，她端出這款名為「奶奶的滋味」的甜塔。這款風味質樸的美味甜塔，製作靈感是來自於草莓在烘烤過就能產生黏稠感的此項魅力。

材料（直徑約20cm的圓形1個份）
◎塔皮麵團
奶油 ... 75g
糖粉 ... 30g
蛋黃 ... 1個份
低筋麵粉 ... 140g
◎餡料
草莓（請用冷凍草莓或小草莓）... 300g
細砂糖 ... 50g
蛋白 ... 1小匙
杏仁粉 ... 1大匙
細砂糖 ... 1大匙

事前準備
・將奶油置於室溫中回軟。
・在烤盤上鋪上烘焙紙。
・在步驟4時，將烤箱預熱至180℃。

1 製作塔皮麵團。在缽盆中放入奶油和糖粉，用橡皮刮刀搓拌混合（a）。依序一邊加入蛋黃、低筋麵粉，一邊切拌混合到沒有粉粒殘留為止（b）。

2 聚合成團後整成圓形，用保鮮膜鬆鬆的包覆，再用擀麵棍擀成直徑約15～16cm的圓形（c），放在冰箱中冷藏30分鐘以上。

3 將草莓裹上50g的細砂糖（d）。

4 撒上手粉（低筋麵粉、材料分量外），放上2擀成直徑約25cm的圓形（如果變得黏手，就放到冷凍庫靜置約10分鐘）。

5 將麵皮邊緣立起約1.5cm，折入內側（e）。將蛋白打散，用刷子將蛋白液塗在麵皮上，將杏仁粉和1大匙的細砂糖混合後撒在麵皮上，接著再用手抹平（f）。用預熱至180℃的烤箱烘烤約15分鐘。

6 瀝乾草莓的水分，並排擺滿在5上面，再用180℃的烤箱烘烤約20分鐘。

 a
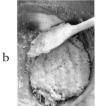 b
 c

 d
 e
 f

 Point
步驟6中所瀝出的水分會富含草莓的香氣，用來兌氣泡水的話，就會變成美味的調味氣泡水。

Strawberry Custard Tart

草莓卡士達塔

這是一道奢侈擺滿新鮮草莓的甜塔，很適合在各種紀念日端上桌的討喜賣相，一定能引起大家的歡呼。沒有比這道甜點更適合使用品質良好又鮮甜的草莓了，而塔皮麵團也可以趁有空時先做好冷凍備用，等到要用時就可以輕鬆的製作了。

材料（直徑18cm的塔模1個份）

◎塔皮麵團

… P.38的全部分量

◎卡士達奶油醬

香草莢 ... ½根

牛奶 ... 250ml

細砂糖 ... 60g

蛋黃 ... 3個份

低筋麵粉 ... 15g

玉米澱粉 ... 10g

鮮奶油 ... 100ml

細砂糖 ... 10g

草莓 ... 1盒（300g）

草莓果醬（參考P.08）... 3大匙

水 ... 2大匙

開心果 ... 適量

事前準備

· 準備塔皮麵團（參照P.38的步驟1～2）。撒上手粉（低筋麵粉、材料分量外），放上麵團擀成直徑約24cm的圓形。放到塔模上，將邊緣確實壓貼合（a）。將垂下超出模具邊緣的部分，用擀麵棍滾過取下，將邊緣壓一下使麵皮比模具邊緣高出約5mm（b）。用叉子在底部的多處戳出小洞。放在冷凍庫中冷凍1小時以上使之變硬。

· 在步驟6時，將烤箱預熱至180℃。

1 製作卡士達奶油醬。將香草莢縱向剖開，刮出香草籽（c）。將牛奶、香草籽連同香草莢、⅓量的細砂糖一起放入鍋中，用中火加熱至快要沸騰。

2 在缽盆中放入蛋黃，加入剩下的細砂糖，用打蛋器攪拌到整體顏色泛白為止（d）。

3 在2中篩入低筋麵粉和玉米澱粉拌混後，再加入1拌混（e）。

4 倒入鍋中開中火加熱，一邊加熱一邊不停的用打蛋器攪拌。沸騰後質地會變得較濃厚。一邊攪拌一邊加熱到具有往上舀起時會直線落下的滑順感（f）。

5 在淺盤中鋪上保鮮膜，用篩子將4過濾入盤中，在上方再緊密的蓋上一層保鮮膜。在上下都放上保冷劑等，放進冰箱冷藏靜置約30分鐘～1小時，快速加以冷卻。

6 在冷凍備用的塔皮中鋪入烘焙紙，放上烘焙用重石。放入預熱至180℃的烤箱中烘烤約20分鐘，將烘焙用重石連同烘焙紙一起移開，再烘烤約10分鐘。

7 將鮮奶油和10g的細砂糖混合，確實打發到可拉出尖角的狀態為止。

8 等5冷卻後用打蛋器攪拌，將7加入拌混後再放回冰箱。卡士達奶油醬就完成了。

9 待6確實冷卻後將8倒入，排列放上去除蒂頭的草莓。將草莓果醬與材料分量中的水拌混，放入小鍋子裡，以微波爐加熱至沸騰冒泡的狀態。在草莓表面塗上稀釋過的果醬，再撒上切碎的開心果。

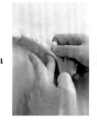 a
 b
 c
 d
 e
 f

Strawberry Omelet

草莓歐姆雷特

在使用了蛋白霜讓質感變得蓬鬆柔軟的蛋
糕中，輕輕夾入大量打發鮮奶油與草莓，
這是幸福的滋味。要是使用有鐵氟龍塗層
的平底鍋，在鍋內確實抹滿奶油，蛋糕在
煎的時候就能煎出均勻的金黃色。

材料（2個份）
◎麵糊
蛋 ... 1個
細砂糖 ... 20g
低筋麵粉 ... 20g
奶油 ... 適量

鮮奶油 ... 100ml
細砂糖 ... 1大匙
草莓 ... 6顆
糖粉 ... 適量

1　將蛋的蛋黃與蛋白分開。將蛋白放入缽盆中，用打蛋器
　　打發。分次少量加入細砂糖，打發成可拉出尖角的蛋白
　　霜。

2　在1中加入蛋黃，用打蛋器快速攪拌（a）。等拌到顏
　　色均勻後再篩入低筋麵粉，接著換用橡皮刮刀切拌到沒
　　有粉粒殘留為止（b）。

3　在平底鍋中塗上薄薄一層奶油，用廚房紙巾擦掉多餘的
　　油脂。將一半分量的2倒入鍋中，轉動鍋子使麵糊攤成
　　直徑約12cm的圓形。轉成文火並蓋上鍋蓋，煎約3分鐘
　　到表面變成金黃色為止。翻面後再煎約30秒（c）。

4　鋪好保鮮膜，將3顏色較淺的那面朝上放置，趁熱時輕
　　輕的對摺。

5　將鮮奶油和細砂糖混合攪拌到可拉出挺立尖角的狀態。
　　將去除蒂頭的草莓和鮮奶油霜夾入4中，接著用茶篩在
　　上面撒上糖粉。

a  b  c

Langues de Chat aux Fraises

草莓貓舌餅乾

「Langues de Chat」這個法文就是「貓舌」的意思，因為餅乾形狀像貓咪的舌頭那樣薄且細長而得名。甘納許奶油霜可以搭配市售的磅蛋糕或餅乾一起吃，塗抹在吐司上也非常美味。

材料（直徑約4cm×10個份）

奶油 ... 60g

細砂糖 ... 60g

蛋白 ... 2個份

低筋麵粉 ... 60g

◎甘納許奶油霜

白巧克力 ... 50g

冷凍草莓果泥 ... 30g

⇒ 或是將25g的草莓和5g砂糖放入果汁機攪打後，再加入少許檸檬汁。

奶油 ... 20g

鮮奶油 ... 20g

事前準備

· 將烤箱預熱至170℃。

· 將冷凍草莓果泥解凍。

· 製作甘納許奶油霜。將切碎的白巧克力和草莓果泥放入缽盆中，隔水加熱至融化。加入奶油利用餘熱使其融化，再加入鮮奶油拌混。放入冰箱冷藏靜置一晚。取出後用打蛋器打發到可拉出尖角的狀態，再放入冰箱冷藏備用。

1 在缽盆中放入奶油和一半分量的細砂糖，用打蛋器搓拌。等融合後再加入1個份的蛋白確實拌混。

2 在另一個缽盆中放入剩餘的蛋白攪打，等整體顏色泛白後再加入剩下的細砂糖，攪打成可拉出尖角的紮實蛋白霜。

3 在4中加入2拌混，篩入低筋麵粉後用橡皮刮刀以切拌的方式混合。

4 在裝上1cm圓口花嘴的擠花袋中填入3。在烤盤上擠出直徑約3.5cm的圓形。放入170℃的烤箱中烘烤約10分鐘，烤好後確實靜置冷卻。

5 在4中夾入甘納許奶油霜。

Berlinar

草莓柏林果醬包

柏林果醬包是德國人再熟悉不過的果醬甜甜圈。這款以酵母稍微花點時間發酵製作的甜甜圈，鬆軟又有彈性，當油炸後的香氣撲鼻而來時，絕對會覺得「有花點時間製作真是太好了！」因為不太會吸收油分，所以出乎意料的清爽。

材料（直徑8cm×6～8個份）

Ⓐ

低筋麵粉 ... 150g

高筋麵粉 ... 100g

片栗粉（日式太白粉）... 2大匙

細砂糖 ... 40g

牛奶 ... 120ml

乾酵母 ... 3g

蛋 ... 1個

奶油 ... 30g

原味優格 ... 1大匙

檸檬汁 ... 1小匙

鹽 ... 少許

油炸用油 ... 適量

細砂糖（顆粒較細的，
　或使用糖粉）... 適量

草莓果醬（參考P.08）... 6大匙

事前準備

・將烘焙紙裁切成10cm的方形，準備6～8張。

1　在缽盆中放入Ⓐ，用打蛋器大致混合。

2　將牛奶放入微波爐或小鍋子裡加熱到人體肌膚的溫度後，依序加入乾酵母、打散的蛋液並拌混。

3　將奶油用微波爐或小鍋子加熱至完全融化後，加入原味優格和檸檬汁拌混。

4　將2分次少量倒入1的缽盆中並拌混均勻。用手揉捏，聚合成團後再加入3和鹽繼續混合，確實揉捏到產生光澤為止（a）。

5　將4的缽盆覆蓋上保鮮膜，然後再蓋上濕布（b）。在冰箱靜置一晚或在溫暖的空間中靜置1小時以上，待麵團膨脹至約2倍大小為止，完成一次發酵。只要用手指壓麵團會留下痕跡就是發酵完成了（c）。

6　用刮板等將麵團分成6～8等分，放在撒上手粉（高筋麵粉、材料分量外）的工作台上壓扁，再用手整成球狀。放在事先裁切好的烘焙紙上（d），蓋上保鮮膜靜置約20分鐘，讓麵團進行二次發酵。

7　在平底鍋中倒入約3cm高的油炸用油，加熱至170℃～180℃，將6連同烘焙紙一起放入鍋中，以較小的中火油炸6～7分鐘（烘焙紙如果剝落的話就拿掉）。

8　瀝乾油分，趁熱包裹上細砂糖（e），用菜刀在側面劃出切口，用裝上口徑較小擠花嘴的擠花袋（也可直接填入塑膠袋中再剪下一小角使用）從側面填入草莓果醬（f）。

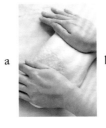
a

b

c

d

e

f

Strawberry and Red Wine Brownie

草莓紅酒布朗尼

在常見的布朗尼上用草莓糖霜妝點一番。
在蛋糕體中加入果醬、和果醬很搭的紅酒，
做出成熟大人的風味。粉紅色的糖霜不僅
可愛，酸酸甜甜的滋味與脆脆的口感也充
滿魅力。

材料（18cm的方形模具1個份）

苦甜巧克力 ... 140g

奶油 ... 80g

蛋 ... 2個

細砂糖 ... 80g

低筋麵粉 ... 70g

泡打粉 ... ⅓小匙

草莓果醬（參考P.08）... 25g

紅酒 ... 1大匙

開心果 ... 1大匙

◎糖霜

糖粉 ... 30g

草莓糖漿（參考P.14）... 1小匙

檸檬汁 ... 少許

事前準備

・將蛋置於室溫中回溫。

・在模具中鋪入烘焙紙。

・將烤箱預熱至170℃。

・將草莓果醬與紅酒混合。

1 在缽盆中放入粗略切碎的苦甜巧克力和奶油，隔水加熱
   至融化（a）後，從裝熱水的缽盆上移開，稍微靜置降
   溫。

2 在另一個缽盆中放入蛋和細砂糖，用打蛋器攪拌至細砂
   糖溶解為止（b）。

3 將1加入2中，快速拌混。

4 篩入低筋麵粉和泡打粉，使用橡皮刮刀，將麵糊大幅度
   的從盆底往上翻拌，拌混到沒有粉粒殘留為止。

5 將4倒入模具中（c），淋上草莓果醬與紅酒的混合
   液，撒上切碎的開心果，並用橡皮刮刀將表面抹平。用
   170℃的烤箱烘烤約15分鐘。

6 準備糖霜。在容器中放入糖粉，將草莓糖漿和檸檬汁的
   混合液一邊分次少量加入，一邊拌混均勻。

7 5烤好後稍微靜置放涼，用湯匙等器具淋上6的糖霜。

a   b   c

Point 如果製作糖霜時沒有草莓糖漿的話，
也可以將1～2顆草莓壓擠出果汁來使用。

Strawberry Meringue

草莓馬林糖

在口感鬆脆、輕盈的甜味馬林糖中，添加了天然的草莓風味，烤好後會呈現出淡淡的粉紅色，相當賞心悅目。請依自己喜歡的形狀和大小加以烘烤，而附上無糖的打發鮮奶油也很美味喔！

材料（容易製作的分量）
蛋白 ... 1個份（約30g）
細砂糖 ... 30g
糖粉 ... 30g
乾燥草莓粉 ... 1 ½小匙

事前準備
‧ 在烤盤中鋪上烘焙紙。

1 將蛋白放入鉢盆中，用手持式電動攪拌器攪打。

2 攪打到開始出現大氣泡後，開始一邊分次少量加入砂糖，一邊攪打到可拉出尖角的狀態為止（a）。

3 將糖粉和乾燥草莓粉一同篩入（b），並用橡皮刮刀以切拌的方式混合（c）。

4 填入裝有個人喜愛花嘴的擠花袋裡後，擠到烤盤上。

5 放入未預熱的烤箱中，溫度設定在110℃。等烤箱溫度到達110℃後，再烘烤約1小時～1小時30分鐘，烤好後直接放在烤箱中讓馬林糖乾燥。

a   b   c

Strawberry Short Cake

草莓鮮奶油蛋糕

你不覺得能一個人吃掉整個鮮奶油蛋糕是一件非常幸福的事嗎？這裡要介紹的是非常適合當作贈禮、用1個雞蛋就能完成的小尺寸鮮奶油蛋糕。放上喜好的草莓，好好品嘗隨心所欲使用草莓的完整蛋糕吧！

材料（直徑8.5cm的烤皿2個份
　或直徑12cm的圓形模具1個份）
◎海綿蛋糕
蛋 ... 1個
細砂糖 ... 30g
蜂蜜 ... 1小匙
低筋麵粉 ... 30g
牛奶 ... 2小匙
奶油 ... 1小匙
◎裝飾
鮮奶油 ... 200ml
細砂糖 ... ½大匙
草莓 ... 4～5顆
◎糖漿
細砂糖 ... 10g
水 ... 20ml
⇒ 或是草莓糖漿（參考P.14）1½大匙。

事前準備
・在烤皿的底部和側面都鋪入烘焙紙（a）。
・將烤箱預熱至180℃。
・製作糖漿。在小鍋子裡放入材料煮至沸騰，將細砂糖煮溶，靜置冷卻備用。

1 製作海綿蛋糕。在缽盆中放入蛋、細砂糖、蜂蜜，一邊隔水加熱一邊用手持式電動攪拌器以高速打發。加熱至略高於人體肌膚的溫度（40℃）後移開缽盆，打發到如寬緞帶般緩緩落下的程度。最後用低速攪拌約1分鐘，調整蛋糊的紋理（b）。

2 在1中篩入低筋麵粉，用橡皮刮刀從底部大幅度翻拌，以切拌的方式混合（c）。

3 將牛奶和奶油混合後放入較小的容器中，用微波爐加熱約10秒讓奶油融化。

4 將3加入2中，攪拌至產生光澤為止（d）。倒入模具中，放入預熱至180℃的烤箱中烘烤約20分鐘。用竹籤戳入蛋糕體中，若沒有沾黏任何麵糊就烘烤完成了。上下顛倒將蛋糕體脫模，靜置冷卻。

5 在裝飾用的鮮奶油中加入細砂糖，打發到可稍微拉出彎曲尖角的狀態。去除草莓的蒂頭，將其中3顆縱向切成一半。

6 將4橫向切成一半，在切面塗上糖漿（e）。抹上鮮奶油、鋪上切好的草莓，再鋪一層鮮奶油（f），接著疊上另一片蛋糕體。在上方抹上鮮奶油，並以草莓裝飾。

a　b　c

d　e　f

Strawberry Pie

草莓派

從編織的網目中爆融出來的草莓引人食慾，柑橘果醬的苦味則為滋味增添韻味。若趁熱附上香草冰淇淋，就能讓融化的冰淇淋和黏糊的草莓交融在一起。放涼後草莓會和派皮更加黏合，又會衍生出另一種不同的美味。

材料（直徑18cm的派盤1個份）

草莓（冷凍草莓或小草莓）
　... 1盒（約300g）

玉米澱粉 ... 1大匙

冷凍派皮* ... 2片

柑橘果醬 ... 80g

細砂糖 ... 50g

蛋黃 ... 1個份

水 ... 1小匙

事前準備

・去除草莓的蒂頭，撒上細砂糖後靜置15分鐘以上，讓甜味滲入果肉中。

・將烤箱預熱至200℃。

1 因為草莓會釋出水分，所以將汁液和果實分開。將汁液熬煮至剩下½的量（a）。讓草莓果實裹滿玉米澱粉。

2 在派盤上放上1片冷凍派皮，用手指按壓至與派盤完全貼合。用料理用剪刀等剪下多餘的部分（b）。另取一片派皮，裁切成約1.5cm寬的細長條，分成10等分。

3 在鋪在派盤的派皮上塗上柑橘果醬，將1的草莓放入2中，再從上方淋上草莓汁液。將裁切好的長條派皮取5條橫向等距排列（c）。

4 將②和④先對摺，在中央縱向放上1條派皮（d），將折起來的派皮回復原狀。

5 將①③⑤對折，放上1條派皮（e），回復原狀。以相同方式將派皮編織成格網狀。

6 派皮超出派盤的部分都往上折起固定（f）。

7 將蛋黃和水混合，用刷子等工具塗在6上。

8 用預熱至200℃的烤箱烘烤約20分鐘，將溫度調降到170℃後再烘烤約40分鐘。

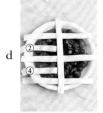 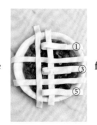 

Strawberry Millefeuille

草莓千層酥

不論嘗試失敗過多少次，就是沒辦法將千層酥的派皮烤成烤色均勻的金黃色澤，這時有位曾在法國擔任甜點師傅的朋友告訴我這個方法。就算是冷凍派皮，只要確實烘烤，也能擁有不輸給手作派皮的美味。請選用使用大量奶油製成的冷凍派皮。

材料（6×9cm的2個份）
冷凍派皮（20cm的正方形）... 1片
糖粉 ... 50g
◎奶油夾餡
香草莢 ... ½根
牛奶 ... 150ml
細砂糖 ... 40g
蛋黃 ... 2個
低筋麵粉 ... 10g
玉米澱粉 ... 10g
奶油 ... 50g

草莓 ... 4顆

事前準備
・將奶油置於室溫中回軟。
・將烤箱預熱至160℃。

1 在烤盤鋪上烘焙紙，放上冷凍派皮，再蓋上一張烘焙紙，然後再壓上另一個烤盤（a）。放入預熱至160℃的烤箱中烘烤30～35分鐘。取出後整個翻面，撕除烘焙紙，撒上糖粉（b），再放入烤箱中烘烤15～20分鐘，烤到有焦糖色為止（c）。烤好後稍微放涼。

2 製作奶油夾餡。將香草莢縱向剖開，刮出香草籽。將牛奶、香草籽連同香草莢、分量⅓的細砂糖放入鍋中，用中火加熱至快要沸騰。

3 在缽盆中加入蛋黃，加入剩下的細砂糖，用打蛋器攪打到整體顏色泛白為止（d）。

4 在3中篩入低筋麵粉和玉米澱粉拌混，接著再加入2拌混。

5 倒回鍋中開中火，一邊用打蛋器不停的攪拌一邊加熱。等整體變得較厚重濃稠後，繼續拌混、加熱到往上舀起時會呈細線般滑順落下的狀態（e）。

6 用網篩過濾到鋪上保鮮膜的淺盤中，上方也緊密的貼上保鮮膜。在上下放上保冷劑等，放進冰箱冷藏約30分鐘～1小時，使之快速冷卻。等到質感變得柔軟、富有彈性後，再一邊用打蛋器攪散一邊混入奶油。

7 將1的派皮切分成6等分。在裝上花嘴的擠花袋中填入6，在切好的派皮上擠上奶油。放上切成圓片的草莓（f），再疊上一片派皮，以同樣的方式再往上疊一層。

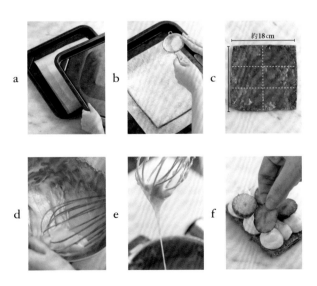

醃漬後更美味的草莓漬物

雖然直接吃草莓就很美味，但只要稍微醃漬一下，
就能搖身成為一道甜點。若使用香草植物製作，會變得如沙拉一般。
在吃飯前先醃漬備用的話就可輕鬆使用了。

1.

佛手柑的香氣很對味

紅茶漬草莓

材料（容易製作的分量）

紅茶（格雷伯爵茶）... 100ml

細砂糖 ... 50g

草莓 ... 100g

在小鍋子裡放入較濃的紅茶並加熱，放入細砂糖使之融化。在容器中放入去除蒂頭的草莓，再倒入醃漬液浸漬。

⇒適合搭配：兌蘇打水或氣泡酒製作成飲品。

2.

以沙拉般的方式品嘗草莓

羅勒漬草莓

材料（容易製作的分量）

新鮮羅勒葉 ... 1小撮

草莓 ... 100g

細砂糖 ... 1大匙

檸檬汁 ... 1/8個份

在容器中放入去除蒂頭的草莓，加入撕碎的羅勒葉、細砂糖、檸檬汁並攪拌。

⇒適合搭配：和橄欖油混合後淋在沙拉上。

3.

提引出草莓濃厚香氣的成熟風味

巴薩米克醋漬草莓

材料（容易製作的分量）

巴薩米克醋 ... 1～2大匙

細砂糖 ... 10g

草莓 ... 100g

將巴薩米克醋和細砂糖放入小鍋子裡煮至沸騰。在容器中放入去除蒂頭的草莓，再倒入醃漬液浸漬。

⇒適合搭配：搭配馬斯卡彭乳酪做成一道甜點。

第3章
免烘烤
草莓甜點

從巴巴露亞、慕斯到果凍，草莓也可活用於各式冰涼甜點當中。因為都特地做了，所以就在麵糊中使用草莓、在裡面也放入幾顆草莓吧！如果是透明的甜點，就能欣賞到草莓美麗的外觀，而且我還想在家做一次看看的草莓聖代！　此外，會在口中瞬間融化的法式棉花糖，也非常適合當作贈禮。想做和菓子的話，還有草莓大福可以做。不需烘烤的草莓甜點品項真的非常多，一起來製作可愛又簡單的各式甜點吧！

Strawberry Mousse

草莓慕斯

因為草莓本身帶有甜味，所以就將慕斯的部分做得清爽些。這道食譜是以瀝乾水分的優格當作基底，做出輕盈的口感，甜味則是使用蜂蜜來呈現自然的甘甜。請試著做做看，倒進自己喜歡的杯子或模具中吧！

材料（成品約400ml）

冷凍草莓果泥 ... 250g

⇒ 或是將230g的草莓和20g的細砂糖放入果汁機中攪打，再加入少許檸檬汁。

吉利丁粉 ... 5g

　水 ... 1大匙

檸檬汁 ... 1小匙

鮮奶油 ... 100ml

　細砂糖 ... 1大匙

　蜂蜜 ... 1大匙

原味優格 ... 60g

草莓 ... 4～5顆

事前準備

・將優格瀝乾水分30分鐘以上，讓重量剩下30g。

・將冷凍草莓果泥解凍。

・將吉利丁粉撒入水中泡軟。

1　將草莓果泥放入鍋中加熱，煮到快沸騰之前熄火。將泡軟的吉利丁粉和檸檬汁加入後，在底下墊著冰水攪拌到產生黏稠感為止（a）。

2　在鮮奶油中加入細砂糖和蜂蜜，攪打到可拉出稍微彎曲的尖角為止（b），加入瀝乾水分的優格拌混。

3　將⅓分量的1加入2中，確實拌混均勻後，再倒回1的鍋中（c），接著再用打蛋器徹底攪拌均勻。

4　倒入自己喜歡的模具中，放進冰箱冷藏1小時以上，使之凝固。

5　擺上切好的草莓。

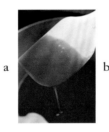 a
 b
 c

Strawberry Jelly

草莓果凍

在用草莓糖漿做成的鮮紅色果凍中添加了大量的草莓，是一道能盡情享用草莓的甜點。無法和天然色彩做聯想的成品外觀，鮮豔到令人驚喜。雖然只使用草莓也很美味，但如果加入藍莓等其他莓果類混合後，就能做出成熟的風味。

材料（成品約400ml的容器1個份）

草莓 ... 120g

水 ... 150ml

細砂糖 ... 50g

吉利丁粉 ... 5g

　水 ... 1大匙

草莓糖漿（參考P.14）... 50ml

檸檬汁 ... 1小匙

◎裝飾用鮮奶油

鮮奶油 ... 50ml

細砂糖 ... ½大匙

事前準備

・將吉利丁粉撒入水中泡軟。

1　將草莓去除蒂頭後切成7mm的小丁狀。

2　在小鍋子裡放入材料分量的水和細砂糖，開小火加熱，煮到細砂糖溶解後熄火，加入泡軟的吉利丁粉使其融化。

3　將草莓糖漿和檸檬汁加在一起拌混。

4　倒入模具內，加入1，放進冰箱冷藏2小時以上，使之凝固。

5　將鮮奶油和細砂糖混合後，攪打到可稍微拉出尖角的狀態，添附在果凍上。

Strawberry Bavarois

草莓巴巴露亞

因香草和蛋味的作用而變得醇厚的卡士達滋味，和草莓出奇的對味。復古的氛圍也很有魅力。只在做好的巴巴露亞旁附上草莓也很好，但如果在巴巴露亞中放入草莓，就會不自覺的開心起來！也可以製作成大尺寸的巴巴露亞喔！

材料（直徑約7cm的杯子模具×6～8個份）

蛋黃 ... 3個份

細砂糖 ... 50g

香草莢 ... 1/3根

牛奶 ... 250ml

吉利丁粉 ... 5g

　水 ... 1 1/2大匙

鮮奶油 ... 100ml

　細砂糖 ... 1/2大匙

草莓 ... 8顆

石榴（裝飾用，有的話）... 適量

事前準備

· 將吉利丁粉撒入水中泡軟。

· 刮出香草莢內的香草籽，連同香草莢一起放入牛奶中釋出香氣。

1　將蛋黃和50g的細砂糖一起放入鉢盆中，馬上用打蛋器攪拌混合。

2　在小鍋子裡放入加了香草籽的牛奶，連同香草莢一起放入，開小火加熱至快要沸騰的狀態。

3　在1中加入一半分量的2，拌混均勻後，全部倒回鍋中（a）。

4　開火加熱，用橡皮刮刀不停攪拌至產生黏稠感為止。用手指抹過橡皮刮刀，若留下痕跡就是煮好了（b）。

5　將鍋子離火，加入泡軟的吉利丁粉後快速攪拌，用網篩過濾入鉢盆中。

6　在下方墊著冰水，用橡皮刮刀攪拌至產生黏性為止（c）。

7　在另一個鉢盆中放入鮮奶油和1/2大匙的細砂糖，確實打發到可以拉出尖角的狀態，加入6中以切拌的方式混合。

8　將7倒入模具中至模具一半高度左右，放入大略切塊的草莓（d），再倒入剩下的7。放入冰箱冷藏半天以上，使之凝固。

9　要脫模的時候，將模具泡入幾乎與模具邊緣同高的熱水中（e），在邊緣插入竹籤沿模具劃一圈讓巴巴露亞和模具分離（f），然後上下顛倒扣在盤子上。如果有的話可以放上一些剝開的石榴作為裝飾。

a

b

c

d

e

f

Guimauve aux Fraises

草莓法式棉花糖

這次以不使用蛋白霜的方法製作法式棉花糖。這樣的方法更能清楚凸顯出草莓果泥的滋味。好好享受果泥的溫和味道很不錯，在最後完成時加上草莓粉，就能做出更加紮實的草莓風味。

材料（13×15×3cm的淺盤或模具1個份）

冷凍草莓果泥 ... 100g

⇒ 或是將90g的草莓和10g的細砂糖放入果汁機中攪拌，再加入少許檸檬汁。

細砂糖 ... 60g

水麥芽＊... 50g

吉利丁粉 ... 10g

　水 ... 2大匙

檸檬汁 ... 1小匙

Ⓐ

│ 糖粉 ... 1大匙

│ 玉米澱粉 ... 20g

│ 有的話可加入乾燥草莓粉

│ ... 2小匙

事前準備

・在淺盤中鋪入烘焙紙。將Ⓐ混合後，取一半鋪滿整個表面。

・將冷凍草莓果泥解凍。

・將吉利丁粉撒入水中泡軟。

1 在鍋子中放入草莓果泥、細砂糖、水麥芽，開中火加熱。不停的一邊用橡皮刮刀攪拌一邊熬煮。等到整體顏色泛白、產生氣泡，且變成和水麥芽差不多的黏度後（a），取少許滴入冰水中看看，若能馬上凝固的話就可以了。

2 將1移入鉢盆中，加入泡軟的吉利丁粉，用手持式電動攪拌器以高速打發（b）。打到整體顏色泛白且質地變得蓬鬆後加入檸檬汁，繼續打發（c）。

3 趁熱倒入淺盤中，並快速將表面抹平，用茶篩將剩下的Ⓐ撒滿整個表面（d）。置於常溫約20分鐘使之冷卻，再切分成方便食用的大小。

 a
 b
 c

 d

𝒫𝒾𝒸𝓀 𝓊𝓅!
● 水麥芽

這份食譜使用的是甜度清爽的水麥芽，擠壓式包裝的商品在製作計量時更方便！

Strawberry and Milk Chocolate

草莓雙層巧克力

一般製作巧克力甜點時，大多會使用苦甜巧克力，但草莓搭配滋味溫和的牛奶巧克力才是最對味的。因為甜味非常濃厚，請每次切出一小塊、分成多次品嘗。市售那種在整顆乾燥草莓表面裹上巧克力的甜點，也變成相當好用的材料。

材料（18cm的磅蛋糕模具1個份）

牛奶巧克力 ... 120g

鮮奶油 ... 40ml

櫻桃酒 ... 10ml

白巧克力 ... 120g

冷凍草莓果泥 ... 2大匙

⇒ 或是將30g的草莓放入果汁機中攪拌，再加入少許檸檬汁。不添加細砂糖。

棉花糖 ... 2大匙

有的話可放上中間包著冷凍乾燥草莓的
　巧克力*... 適量

事前準備

‧在磅蛋糕模具中鋪入烘焙紙。

1　將牛奶巧克力切碎放入缽盆中，加入加熱到快要沸騰的鮮奶油，用橡皮刮刀慢慢的拌混，讓巧克力融化（a），加入櫻桃酒。倒入模具中靜置15分鐘以上，使之凝固。

2　將白巧克力切碎放入缽盆中，加入稍微加熱過的草莓果泥，用橡皮刮刀慢慢攪拌，讓白巧克力融化（b）。若不能順利融化的話就隔水加熱。

3　在1上倒入2，放上棉花糖和壓碎的冷凍乾燥草莓巧克力，放入冰箱冷藏半天以上，使之凝固。

4　完全凝固後將巧克力脫模，撕除烘焙紙（c）。

 a  b  c

Pick up!
● 冷凍乾燥草莓巧克力

想要使用少許冷凍乾燥草莓時，只要將市售產品的壓碎，就能輕鬆使用。這裡是連同外層的巧克力一起使用。

Strawberry Caramel

草莓牛奶糖

這是一道用草莓熬煮製作、滋味濃郁的甜點。在用了大量砂糖和奶油做成牛奶糖中，瀰漫著草莓的酸甜風味。因為是手作的牛奶糖，相當柔軟滑順入口即化。

事前準備

・將冷凍草莓果泥解凍。

・在淺盤模具中鋪入烘焙紙。

材料（13×15×3cm的淺盤模具1個份）

Ⓐ

冷凍草莓果泥 ... 50g

⇒ 或是將45g的草莓和15g的細砂糖放入果汁機中攪拌，再加入少許檸檬汁。

鮮奶油 ... 100g

細砂糖 ... 100g

草莓果醬（參考P.08）... 2大匙

奶油 ... 1大匙

1 將Ⓐ放入鍋中，開小火熬煮7～8分鐘（a）後熄火。加入奶油拌混，利用餘溫將奶油融化。

2 取少許4滴入冰水中，若能用手指搓成圓球狀就是完成了。如果還太軟的話就再熬煮一下。

3 倒入模具中，放進冰箱冷藏至凝固。

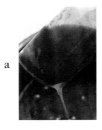

a

Ichigo Daifuku

草莓大福

只要提到代表日本的草莓甜點，一定會想到草莓大福。多汁又大顆的草莓與豆沙餡的對味程度是關鍵。這道食譜則是在白豆沙餡中混合了一些白巧克力。

材料（10個份）
◎白巧克力豆沙餡
白豆沙 ... 100g
白巧克力 ... 40g
柑曼怡酒（或是磨碎的柚子皮）... 1小匙
◎外皮
白玉粉 ... 100g
水 ... 180ml
細砂糖 ... 50g

草莓 ... 10顆
片栗粉（日式太白粉）... 適量

1　製作豆沙餡。將白豆沙放入微波爐中加熱約20秒，加入切碎的白巧克力融化。加入柑曼怡酒拌混，稍微放涼。

2　將外皮的材料全部放入耐熱容器中，放入微波爐中加熱約1分鐘。先取出攪拌到變滑順後，再次加熱約1分鐘，以同樣方式拌混，最後再觀察外皮的質地，視情況加熱約30秒，確實拌混均勻。

3　在淺盤等容器中鋪上片栗粉，放入2，分成10等分。每1份都搓成圓形再用手壓扁。

4　用豆沙餡將草莓包裹起來，放在外皮上（a），將封口處朝下包起來（b）。以相同方式製作10個。

a

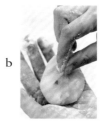
b

 Point　市售的白豆沙請選用較便於操作、質地較硬的產品。
如果不用白巧克力豆沙餡，也可以用個人喜愛的豆沙餡150g代替。

Strawberry Trifle

草莓查佛蛋糕

查佛蛋糕是一種英式點心。就像聖代一樣，放入海綿蛋糕、果凍、奶油……可以試著將本書中介紹的各種「草莓點心」重疊看看。如果沒有海綿蛋糕的話，也可以使用手指餅乾。當然也和香草冰淇淋相當對味！

材料（2人份）

海綿蛋糕
　　（參考P.52「草莓鮮奶油蛋糕」的
　　◎海綿蛋糕）... 適量

草莓果凍（參照P.62）... 適量

馬斯卡彭乳酪 ... 100g

細砂糖 ... ½大匙

鮮奶油 ... 100g

草莓 ... 4～5顆

君度橙酒（或是櫻桃酒）... 1大匙

細砂糖 ... 少許

新鮮薄荷葉 ... 適量

事前準備

· 去除草莓的蒂頭，縱向切成一半，留下約1顆份淋上君度橙酒，靜置一會兒。

1　將海綿蛋糕、草莓果凍切成方便食用的大小。

2　在缽盆中放入馬斯卡彭乳酪和½大匙的細砂糖攪散開，分次少量加入鮮奶油，並用打蛋器打發到可拉出挺立尖角的狀態。

3　在玻璃杯中放入1、2，將用君度橙酒和少許細砂糖醃漬過的草莓依喜好重疊放入，在上方放入未醃漬的草莓和薄荷葉裝飾。

Shiratama,Strawberry and Dita

草莓與
荔枝香甜酒糖漿白玉

「Dita」是荔枝風味的利口酒。因為荔枝
和草莓都是薔薇科的植物，所以非常對
味。在白玉中包入切好的草莓製作一定也
會很可愛。

材料（4人份）
◎糖漿
細砂糖 ... 50g
水 ... 400ml
荔枝香甜酒* ... 2大匙

白玉粉（日式糯米粉）... 100g
水 ... 以80ml為基準

草莓 ... 8顆

1 製作糖漿。在耐高溫的容器內放入細砂糖與糖漿材料分
　量中的水，放入微波爐中加熱約1分鐘。放入荔枝香甜
　酒與縱向切成4等分的草莓，直接靜置冷卻。

2 在缽盆中放入白玉粉，將水一點一點慢慢加入，並確實
　拌混到和耳垂差不多的軟硬度。搓成2cm的圓球狀，用
　手指在正中央輕輕下壓做出凹陷。

3 將2用水燙煮過再放進冷開水中。裝盛到食器中再淋上
　4。

Pick up!
● 荔枝香甜酒

法國生產的荔枝利口酒。荔
枝特有的東方調甘甜滋味，
好像全被凝縮在裡頭，風味
充滿了魅力。

Strawberry Milk Ice Cream

草莓牛奶霜淇淋

草莓和煉乳的組合將「現採草莓」的滋味
充分展現，不會凝固得像冰塊那樣硬梆梆
的也是一大好處。是一種大人、小孩都非
常喜歡的懷舊滋味。

材料（4人份）
鮮奶油（乳脂肪含量35％）
　… 200ml
煉乳 … 3大匙
草莓 … 150g
細砂糖 … 2小匙

1 將鮮奶油打發到可以稍微拉出彎曲尖角的狀態後，加入
　煉乳拌混。
2 放入淺盤等中抹開，放入冷凍庫1小時以上，使之結凍。
3 將草莓去除蒂頭並縱向切成4等分，裹上細砂糖，靜置
　約30分鐘。
4 將稍微滲出水分的草莓連同滲出的汁液加入2拌混融
　合，然後放進冰箱冷凍2小時以上，使之凍結。

Strawberry Tea

草莓紅茶

只要在紅茶裡加入草莓糖漿即可。雖然只
是簡單的加工一下，但卻能搖身一變成為
充滿奢侈氣息的紅茶。加入自己喜歡的利
口酒等也很不錯喔！

材料（1人份）
草莓糖漿（參考P.14）... 1大匙
個人喜愛的紅茶茶包 ... 1個
熱水 ... 適量
草莓 ... 1顆

沖泡紅茶。在杯中放入草莓糖漿，再倒入
紅茶，附上剖開的草莓。

Strawberry Cream Soda

草莓漂浮蘇打

將草莓糖漿事先冷凍備用，就能讓漂亮的
紅色沉澱在底部，製作出美麗的三層飲
品。沙沙的口感給人格蘭尼塔雪泥（Grani
ta）般的氛圍，相當推薦。

材料（1人份）
草莓糖漿（參考P.14，冰凍備用）
　... 2大匙
蘇打水 ... 200ml
香草冰淇淋 ... 1球

在玻璃杯裡放入結凍的草莓糖漿。倒入蘇
打水，再放上香草冰淇淋。

Strawberry Wine

草莓酒

讓果汁的風味轉移到酒中，因充滿果香而
較好入喉，像桑格利亞調酒般的滋味，酒
量不佳的人也能好好品嘗。就算不是使用
很高級的酒類，仍很適合用來招待客人。

a

b

[草莓白酒] 材料（6杯份）

草莓 ... 1盒（約300g）

蜂蜜 ... 1大匙

迷迭香 ... 1枝

檸檬薄片 ... ⅛個份

白酒 ... 750ml

在容器放入去除蒂頭的草莓，再淋滿蜂蜜。
等甜味滲入果肉後再加入迷迭香，靜置約
30分鐘。加入檸檬片，倒入白酒（a）。約
等半天後就可以品嘗了。

[草莓紅酒] 材料（6杯份）

草莓 ... 1盒（約300g）

細砂糖 ... 3大匙

肉桂棒 ... 1～2根

整顆白豆蔻 ... 4～6粒

切成半圓片的柳橙 ... 2～3片

紅酒 ... 750ml

在容器中放入去除蒂頭的草莓，表面撒滿細
砂糖。等甜味滲入果肉後，再加入肉桂棒、
白豆蔻，靜置約30分鐘。加入柳橙片，倒入
白酒（b）。約等半天後就可以品嘗了。

Point 因為草莓很容易泡爛，
所以如果要存放半天以上，要先將草莓取出。

Type of Strawberries

日本草莓圖鑑

日本的草莓不斷的在進化，現在日本各地競相出現新的品種。
因為有各種不同大小和甜度的品項，製作甜點時選用起來也會很開心。

👑=高級品種

アイベリー（愛莓）

因為是愛知縣生產的品種，所以以「愛」命名。尺寸較大，甚至有1顆約50g的果實。香氣與甜味強烈，是贈禮的人氣品種。

あかねっ娘 👑

別名稱為「百壱五（ももいちご）」，果實大且果汁豐富，甜味出眾。也有以1顆為單位販售。

章姬

靜岡縣的代表性草莓。細長如吊鐘般的大顆果實，酸味較不明顯。果肉十分柔軟。

アスカルビー

如紅寶石般充滿光澤的大型草莓，酸味恰到好處且多汁。是奈良縣生產的品種，在以關西為主的地區相當受歡迎。

あそのこゆき 👑

熊本縣立阿蘇中央高校農業食品科培育出的白草莓。幾乎不帶酸味，充滿濃郁的甘甜味。

あまおう

因為是世界上最重的草莓而登錄在金氏世界紀錄中。名稱是由「あまい（甘甜）」、「まるい（圓滾滾的）」、「おおきい（大的）」、「うまい（美味的）」字首組成。

淡雪 👑

產自鹿兒島縣，在日本是以逐次少量的方式栽種。表皮和果肉都是淺淺的櫻花色，幾乎沒有酸味。

いばらキッス

茨城縣原生的品種。尺寸較大且果肉紮實，在運送時果肉不太受傷也是其魅力之一。

越後姬

鮮豔的紅色非常美麗，果實也較大。酸味較薄弱、甜味較強烈，還帶著清爽的芳香。是新潟縣的代表品種。

おいCベリー

是在2012年培育出來並完成「品種登錄」的品種。不僅擁有華麗的香氣，也因含有大量維他命C而廣受關注。
ph_三好アグリテック株式会社

おおきみ

2011年的新品種。每顆的重量都超過20g，切開後中間果肉呈粉紅色且果汁量豐富。
ph_三好アグリテック株式会社

かおり野

因氣味芬芳而得此名。果實大，因為相當耐寒，所以每年上市販售的時間都比其他品種早。

きらぴ香

2014年新登場的品種。是由15個品種的草莓配種，耗費17年時光培育出來的。甜味、香氣和水潤多汁的食感都堪稱上選。

古都華

表面為深紅色，果肉具有帶狀的橙色。因為在寒暖溫差大的土地上栽培而成，所以滋味很濃郁。

さがほのか

果實大且呈漂亮的圓錐形。到了春天，香氣和甜度都會再升級。因果肉較硬，是可以保存一段時間的品種。

さちのか

比「とよのか」更小巧，整個外皮都呈現出美麗的紅色，香氣也很清爽。果汁含量豐沛的多汁果肉也是一大特色。ph_JAあいづ

スカイベリー 👑

是單顆尺寸為一般草莓的3～4倍的高級品種。肉質柔軟又水潤，香氣相當奢華。

真紅の美鈴

又稱為「黑いちご」。從外皮到果肉中心都是紅色，幾乎沒有酸味。是千葉的培育專家栽培出的、頗受關注的新品種。
ph_黒いちごの里 浦部農園

桃薫 👑

滋味如桃子般甘甜，果肉如融化般柔軟。是一種含有椰子或牛奶糖般香氣成分的個性派草莓。

とちおとめ

這是一款產量占栃木縣9成、取代「女峰」成為日本代表品種的草莓。形狀圓滾滾且果肉相當柔軟。

とよのか

果實大且呈圓錐狀，顏色鮮明。甜味和酸味的均衡感絕佳，果汁量豐沛。是很好入口的人氣草莓。
ph_三好アグリテック株式会社

女峰

深紅色外表和美麗的形狀風靡一時。在「とちおとめ」問世之前，曾是栃木縣的代表品種。
ph_香川県農業生産流通課

濃姫

岐阜縣的原生品種，如橄欖球般的形狀為其特徵。入口即化的優質果肉是適合直接品嚐的草莓。
ph_JA全農ぎふ

華かがり

同樣是岐阜縣產的品種。外型堪稱草莓界的黃金比例，甜度也很高，現在是因「品種登錄」而備受關注的草莓。ph_JA全農ぎふ

ひのしずく

外觀紅得很均勻非常美麗，尺寸也偏大。甜味特別強烈且果汁量也很豐沛。是熊本縣的原生品種。
ph_JA熊本経済連

ペチカ

北海道BIO企業開發出的品種。這款在夏天也能收成的草莓，夏天成熟時的外觀也不會有任何差異，在業務方面的需求量很高。
ph_株式会社ホープ

紅ほっぺ

外觀呈略長的圓錐狀，連果肉都是紅色的。雖然帶有紮實的甜味，但也富含風味和酸味，果肉非常緊實。

宝交早生

兵庫縣產，果實較小且形狀渾圓的草莓。紅色部分充滿光澤，散發著獨特的甘甜香氣。在關西地區培育量較多。ph_三好アグリテック株式会社

まりひめ

和歌山生成的品種。果實大且具有芳醇的香氣。因只在完全熟成的狀態下出貨，所以沒辦法保存一段時日，大多是當地的消費者購買。

美濃娘

岐阜縣生產的大尺寸品種。鮮明的紅色帶有光澤，甜味與酸味的均衡感絕佳。在業務用方面也是人氣品種。

やよいひめ

群馬縣的品種，外觀呈現帶有橘色的紅色。酸味低，能明顯感受到甜味。果肉紮實。
ph_JAたのふじ

ゆうべに

熊本縣生產的品種。香氣特別豐厚，入口的瞬間就能感受到新鮮的芳醇。甜味與酸味的均衡感絕佳。
ph_JA熊本経済連

ゆめのか

果實大且顏色鮮豔。果汁量較豐沛，雖然多汁但熟成後外皮較結實，所以比較不會碰傷。
ph_JAあいち豊田

ユーシーアルビオン

由美國研發，也能在夏天收成的品種。酸味較紮實，雖然果實尺寸稍大但也很適合用於烘焙點心。
ph_株式会社フレッサ

ロイヤルクイーン

栽種時將給水量降到最低，讓果實孕育出紮實的甘甜與香氣。外皮很結實也是其特徵。

和田初こい 👑

暱稱為「初恋の香り（初戀的香氣）」。酸味低且能品嚐到濃郁香氣的甘甜果汁，果肉。從外表到果肉中心全都是白色的。
ph_三好アグリテック株式会社

若山曜子　Yoko Wakayama

料理與甜點研究家。從東京外國語大學法語學系畢業後就到巴黎留學。曾於巴黎藍帶廚藝學校（Le Cordon Bleu Paris）、巴黎斐杭狄高等廚藝學校（Ecole Frrrandi）進修，並獲得法國國家調理師認證（C.A.P）。在巴黎的甜點店及餐廳鑽研、累積經驗後回到日本，除了雜誌、書籍外，也為咖啡店或企業研發食譜，並開設料理教室等，在不同領域都相當活躍。甜點或料理都以作法簡單容易上手、外觀好看而大獲好評。著有「パウンド型ひとつで作るたくさんのケーク」、「バターで作る/オイルで作る クッキーと型なしタルトの本」（皆為主婦と生活社）、「簡単なのにごちそう。焼きっぱなしオーブンレシピ」（宙出版）、「はじめてのポップオーバーBOOK」、「レモンのお菓子」、「バットや保存袋で作れる アイスクリーム＆アイスケーキ」（皆為マイナビ出版）等多本書籍。http://tavechao.com/

國家圖書館出版品預行編目資料

幸福限定.美味草莓甜點書 / 若山曜子著；
黃嬌容譯. -- 初版. -- 臺北市：臺灣東販，
2018.01
80面；18.5×24.5公分
ISBN 978-986-475-548-6(平裝)

1.點心食譜

427.16　　　　　　　　　106022859

幸福限定・美味草莓甜點書

2018 年 1 月 1 日初版第一刷發行

作　　　者　若山曜子
譯　　　者　黃嬌容
副 主 編　陳其衍
美 術 編 輯　寶元玉
發 行 人　齋木祥行
發 行 所　台灣東販股份有限公司
　　　　　　＜地址＞台北市南京東路4段130號2F-1
　　　　　　＜電話＞(02)2577-8878
　　　　　　＜傳真＞(02)2577-8896
　　　　　　＜網址＞http://www.tohan.com.tw
郵 撥 帳 號　1405049-4
法 律 顧 問　蕭雄淋律師
總 經 銷　聯合發行股份有限公司
　　　　　　＜電話＞(02)2917-8022
香港總代理　萬里機構出版有限公司
　　　　　　＜電話＞2564-7511
　　　　　　＜傳真＞2565-5539

禁止翻印轉載，侵害必究。
Printed in Taiwan, China.
本書如有缺頁或裝訂錯誤，請寄回更換（海外地區除外）。

TOHAN

[日文版 STAFF]
攝影　　　　馬場わかな（p.01〜p.77、80）
　　　　　　広瀬壯太郎（p.78〜p.79）
風格設計　　伊東朋惠
書籍設計　　福間優子
插畫　　　　Isabelle Boinot
燈光　　　　北條芽以
甜點製作助理　細井美波、櫻庭奈穂子、高橋順子
編輯　　　　植木優帆

參考文獻《図説 果物の大図鑑》（マイナビ出版）

[材料協助]
・Cuoca（クオカ）
http://www.cuoca.com/

・Cotta（コッタ）
http://www.cotta.jp/

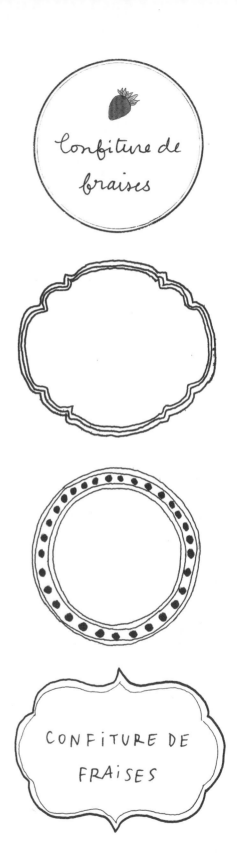